AF240320

LE TABAC

LIBRAIRIE LES SIGNES DES TEMPS

Libraires - Editeurs - Imprimeurs

DAMMARIE - LES - LYS (S.-et-M.)

L'automne de la vie ne recueille que ce que chaque jour a semé.

LE TABAC

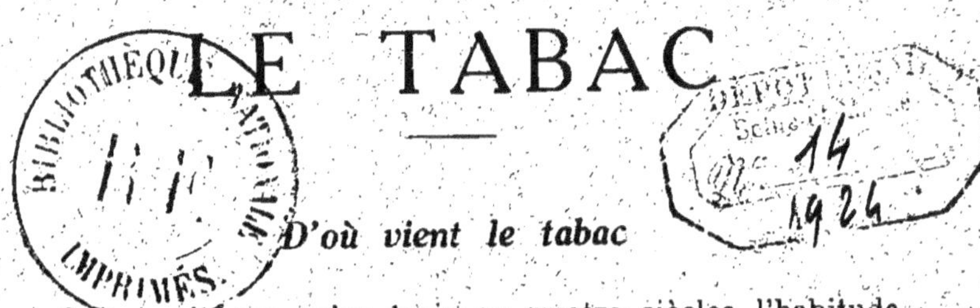

D'où vient le tabac

Qui aurait cru qu'en trois ou quatre siècles l'habitude de fumer serait devenue si générale et si respectable ?

Le tabac était inconnu de l'ancien monde avant la découverte de l'Amérique. Christophe Colomb, en débarquant aux Antilles, en 1492, vit avec étonnement les indigènes prendre plaisir à aspirer la fumée d'un rouleau de feuilles sèches, allumées à l'autre extrémité. L'étymologie du mot tabac dériverait de cette circonstance. A leur retour, les Espagnols introduisirent en Europe la nouvelle herbe ; mais l'usage ne s'en généralisa chez nous que vers 1569, époque à laquelle Jean Nicot, ambassadeur de France à Lisbonne, envoya à Catherine de Médicis de la poudre de tabac, destinée à guérir les migraines de la reine. Celle-ci y prit goût et le mit en vogue. Au bout de quelques années, il s'était répandu dans tous les pays de l'Europe.

Cet engouement fut pourtant suivi d'une réaction violente : en France, Louis XIII en interdit la vente ; en Angleterre Jacque Ier déclare que le tabac « est dangereux pour le cerveau, malfaisant pour la poitrine, dégoûtant à la vue et repoussant pour l'odorat ; qu'il répand autour

du fumeur des exhalaisons aussi infectes que si elles sor-
taient des antres infernaux ». Le pape Urbain VIII excom-
munie tous les priseurs. Le roi Christian IV de Danemark
fait fustiger tous les fumeurs et priseurs ; les Chinois
et les Japonais les punissent par le fouet et la mutilation ;
les gouverneurs russes leur coupent le nez et les terribles
Turcs introduisent des tuyaux dans leurs narines puis les
exposent sur la place publique ; Amurath IV fit même
couper la tête à tous ceux qu'on trouvait coupables de
fumer.

Mais cette habitude barbare apprise des sauvages, « un
des plaisirs les plus bêtes et les plus coûteux », selon
l'expression d'Alphonse Karr, n'a pas seulement résisté
à toutes les mesures prises pour la supprimer : elle s'est
si étrangement et profondément enracinée dans nos mœurs
que rien ne semble pouvoir l'en déloger. On fume dans
l'Amérique du Nord et plus encore dans l'Amérique du
Sud ; on fume en Europe, en Asie, en Afrique, et même
dans les îles de l'Océanie ; on fume dans toutes les clas-
ses de la société, chez les peuples de haute culture comme
chez les barbares. Les fumeurs sont au nombre de 600
millions et comptent parmi eux des Esquimaux dans
l'extrême nord du globe, aussi bien que des Patagons
dans l'extrême sud.

Qu'est-ce que le tabac ?

Les chimistes, les botanistes, les médecins s'unissent
pour déclarer que le tabac est un poison. En botanique
il porte le nom de *nicotina tabacum*, et appartient à la
famille des *solanées*, qui compte les espèces les plus véné-
neuses, entre autres la stramoine, la jusquiame et la bella-
done.

Les poisons du tabac

Le tabac cache dans ses feuilles des poisons plus vio-
lents que ceux de l'alcool, et ce sont ces poisons qui déter-
minent la force des divers tabacs. Le principal de ces
poisons c'est la *nicotine*, qu'il renferme dans la proportion
de 1 à 8 0/0. La nicotine est une matière volatile huileuse,

à peu près inodore et incolore à l'état frais, mais qui devient brune lorsqu'elle est exposée à l'air, et exhale l'odeur caractéristique du tabac. C'est un poison des plus mortels, qu'on pourrait appeler le cousin germain de l'acide prussique. ½ kilo de tabac en contient en moyenne 25 gr. Or, 0 gr. 007 suffisent pour tuer un chien en 3 minutes.

« La nicotine exagère à tel point la pression artérielle, dit le Dr anglais Lauder Brunton, que je n'ai jamais observé pareil effet après l'injection de n'importe quel médicament, sauf l'extrait de capsule surrénale. Et c'est à cause de la contraction des artères que la pression du sang est si forte ; par contre-coup, le cœur finit par s'affoler. » La nicotine du tabac est une cause d'artériosclérose : elle déclanche des modifications de dégénérescence dans les parois artérielles, acheminant ainsi le sujet vers l'apoplexie.

On trouve encore dans le tabac de la *collodine*, liquide d'odeur très pénétrante, auquel le tabac doit en grande partie l'odeur qui lui est propre. La collodine est un alcaloïde aussi toxique que la nicotine. C'est un poison si violent que la vingtième partie d'une goutte suffit pour foudroyer une grenouille. En en respirant quelques secondes, on éprouve aussitôt un affaiblissement musculaire et des vertiges.

L'*acide prussique* est un troisième constituant du tabac. C'est sans contredit le plus violent poison connu. C'est à l'acide prussique que sont dus les vertiges, les maux de tête, les nausées du fumeur. Une partie de cet acide et des alcaloïdes précédents est détruite pendant la combustion du tabac, mais une bien petite partie seulement, et il en passe dans la fumée. Le fumeur en absorbe donc une bien plus grande quantité quand il avale la fumée.

L'*oxyde de carbone* est le quatrième élément toxique du tabac. C'est le gaz que produit le charbon lorsque sa combustion est lente et incomplète, et c'est aussi ce qui rend le gaz d'éclairage si toxique. En expérimentant sur des chiens, Fokker a constaté la présence d'oxyde de carbone — l'élément toxique de la fumée — dans le sang

d'un chien qui était resté une heure dans une petite cham-
bre occupée par un fumeur et remplie de fumée. C'est
un gaz extrêmement dangereux, à cause de son affinité
pour les globules du sang ; il transforme leur hémo-
globine et forme avec elle un corps nouveau, l'hémoglo-
bine oxycarbonée, qui n'est plus capable de fixer l'oxy-
gène.

Des traces d'oxyde de carbone respirées chaque jour
contribuent beaucoup à l'anémie dont souffrent tant de
personnes qui vivent avec des fumeurs, et il suffit qu'un
centième de l'air respiré soit converti en oxyde de carbone pour déterminer une asphyxie rapide.

Le dernier bout d'un cigare et le fond d'une pipe dé-
gagent plus d'oxyde de carbone, parce qu'ils brûlent plus
difficilement et plus imparfaitement. Et c'est parce que
la combustion des feuilles de tabac est incomplète qu'il
se dépose peu à peu au fond des pipes longtemps en usage
une matière noire, semi-liquide, le culot, qui n'est autre
qu'un extrait de jus de tabac et qui se compose des divers
poisons que nous venons de passer en revue. Et si l'oxyde
de carbone laisse un dépôt dans la pipe, il en laisse aussi
un sur les cylindres du mécanisme humain. Dans les poumons, ce dépôt forme ce qu'on appelle l'hépatisation, qui
solidifie le tissu léger et spongieux des poumons, destiné
à recevoir beaucoup de sang et d'air, et le rend dur,
incompressible. Il fut un temps où l'hépatisation était
chose rare ; c'était la conséquence d'un inflammation aiguë
et la mort était rapide. Chez les fumeurs, l'hépatisation
est plutôt lente, mais la terminaison n'en est pas moins
fatale. Le fumeur peut savoir que ses poumons sont en voie
d'hépatisation quand il éprouve une oppression désagréa-
ble à la base de la poitrine, sans douleur proprement dite.
C'est là le premier symptôme du mal. Bientôt vient s'y
ajouter une toux sèche et persistante, analogue à celle de
la phtisie. Bien des morts, chez la jeunesse, sont mises
sur le compte de la tuberculose, alors qu'elles sont dues
à l'hépatisation par la nicotine.

Enfin, le dernier élément constitutif du tabac, c'est
le *furfural*. Le furfural est un liquide volatile extrêmement

dangereux ; c'est un aldéhyde incolore, à odeur pénétrante et suffocante. Les divers tabacs en contiennent de plus ou moins grandes proportions : de 0 gr. 01 à 2 gr. 0/0. Le furfural est cinquante fois plus toxique que l'alcool. A dose infime, il engendre des convulsions et la paralysie musculaire. Il est le plus abondant dans les cigarettes. Il y a autant de furfural dans une cigarette que dans 60 gr. d'eau-de-vie de grains.

Le tabac détruit tout ce qu'il touche

Ce n'est donc pas seulement à la nicotine que sont dus les effets délétères du tabac ; mais à l'action combinée des différents poisons que nous venons de mentionner. Les Hottentots se servent de jus de tabac pour détruire les serpents : une goutte les tue comme un coup de foudre. Sous forme de poudre ou de décoction, les jardiniers font usage du tabac pour détruire les insectes nuisibles. Un soir que le duc de Bourbon, petit-fils de Condé, dînait chez lui en compagnie du poète Santeul, il trouva plaisant de verser sa tabatière pleine de tabac d'Espagne dans un verre de vin et de le faire boire à Santeul pour voir ce qui arriverait. Il ne fut pas longtemps à être au clair. Les vomissements et la fièvre prirent le poète, et deux jours après le malheureux mourait dans des douleurs atroces.

Le poison du tabac est si violent que même une application de feuilles humides ou sèches sur la peau produit des symptômes graves. Il y a quelques années un contrebandier ayant cherché à dissimuler une certaine quantité de tabac en glissant ces feuilles sous ses vêtements, fut si malade qu'il faillit en mourir, et que ses symptômes firent découvrir la supercherie. Si l'on déroule un cigare et qu'on applique sur l'estomac les feuilles qui le composent, de fortes nausées ne tardent pas à se produire, et l'on observe de même des phénomènes d'intoxication après l'enveloppement des bras, des mains, des cuisses ou d'une partie quelconque du corps avec des linges trempés dans une décoction de tabac.

Si le tabac produit des effets mortels quand il est appliqué sur la peau, c'est doublement le cas quand on l'aspire. Les oiseaux, les grenouilles et tous les autres petits animaux meurent quand ils sont exposés aux fumées du tabac en lieu clos. On peut rapidement occasionner la mort des larves du fromage, des guêpes et d'autres insectes, en dirigeant sur eux la fumée d'une pipe ordinaire.

L'inhalation est le moyen le plus rapide d'introduire dans l'économie un poison volatile. Les poumons présentent une surface muqueuse d'environ 150 mètres carrés prête à absorber les substances gazeuses qui entrent en contact avec elle. Cette membrane est un tissu merveilleusement délicat ; elle est si fine que les gaz introduits par la respiration la traversent facilement. Tout le sang du corps — ou du moins une quantité correspondante — vient s'étaler sous cette membrane délicate toutes les minutes. Les vapeurs empoisonnées aspirées par le fumeur pénètrent avec l'air jusque dans les alvéoles pulmonaires les plus reculées et se répandent sur toute la surface de la membrane mentionnée. On peut donc dire en vérité que le sang du fumeur est exposé à une atmosphère narcotique. Il absorbe si rapidement les poisons qui lui sont ainsi apportés, qu'on a observé souvent des symptômes d'empoisonnement chez des personnes vivant dans des chambres enfumées et lors même qu'elles ne fumaient pas elles-mêmes.

Les ouvriers employés dans les manufactures de tabac éprouvent, pendant la durée de l'accoutumance, c'est-à-dire pendant six semaines environ, des nausées, des vomissements, des coliques, des vertiges ; au bout de ce temps ils présentent d'une façon persistante de la diurèse et une altération du teint qui n'est pas une décoloration simple, mais un aspect gris avec quelque chose de terne; une nuance mixte qui tient de la chlorose et de certaines cachexies, et qui donne à la physionomie un caractère propre.

L'habitude d'avaler la fumée dont se targuent tant de jeunes fanfarons fumeurs de cigarettes, exerce un effet si déplorable sur tout l'organisme, que les Américains du Nord appellent les cigarettes des « clous de cercueil ».

La fumée de la cigarette est en effet la plus nuisible. Le papier se consume en même temps que le tabac, et les produits de la combustion, en se transformant en fumée, excitent plus encore que ceux des cigares ou de la pipe.

La plupart des fumeurs cherchent à se persuader que l'effet nocif du tabac a été exagéré. Si le tabac était un poison si violent qu'on le prétend, disent-ils, tous les fumeurs seraient morts depuis longtemps. Ils citent à l'appui de leurs conclusions tel grand fumeur et peut-être aussi grand buveur, qui est devenu plus que nonagénaire ; mais ils oublient de dire que si cet homme-là a résisté si longtemps à l'empoisonnement, il a fait exception à la règle, grâce sans doute à sa forte constitution ; mais que des milliers d'autres sont descendus dans la tombe à un âge précoce par l'influence pernicieuse du tabac, et que les fils et petits-fils de ce vieillard extraordinaire n'ont pas été aussi résistants que lui.

Le premier cigare

Le premier cigare

La réaction violente produite par le tabac chez ceux qui en font usage pour la première fois est une preuve indubitable de sa valeur toxique : maux de tête, vertige, pâleur de la face, sueurs froides, difficulté dans les mouvements, sensibilité obscurcie avec conscience d'une véritable angoisse, nausées, vomissements, diarrhée, accélération puis ralentissement des battements du cœur, — tels sont les phénomènes morbides désagréables qu'on constate chez celui qui s'initie à fumer. C'est l'empoisonnement aigu.

Quelquefois ces accidents constituent un avertissement salutaire pour le débutant, qui renonce d'emblée à la fâcheuse habitude de fumer. Puls souvent il se montre persistant, d'autant plus qu'insensiblement il ne ressent plus aucun des malaises qui ont signalé ses premiers essais. Car « l'accoutumance a ceci de singulier », di le Dr Parent, « qu'elle permet au fumeur de se tuer à moitié tous les jours pendant de longues années, sans qu'il paraisse s'en trouver plus mal ». Sa persistance serait digne d'une meilleure cause : elle le conduit fatalement au tabagisme ou empoisonnement chronique.

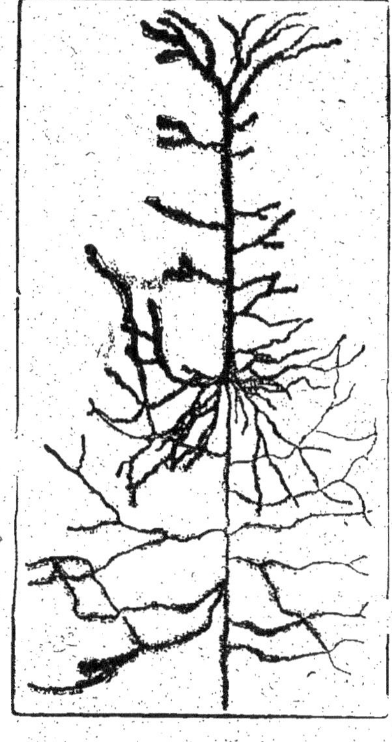

Cellule nerveuse saine, avec ses nombreuses ramifications ou dendrites, qui communiquent les unes avec les autres et avec celles des cellules voisines.

Le tabagisme

« Ici, dit le Dr Siefert, le diagnostic est très difficile à établir car les phénomènes morbides sont très inconstants et extrêmement variables. Chacun est affecté à sa façon et selon son tempérament. L'un devient sujet aux maux de tête ; un autre devient anémique ; un troisième devient nerveux et se plaint d'insomnies ; chez un quatrième il se produit des troubles du cœur... ; chez d'autres il survient des troubles de la vue... chez d'autres encore il s'établit une sclérose prématurée des vaisseaux (artério-sclérose), notamment des vaisseaux du cœur et du cerveau... Signalons également des troubles de la digestion (perte d'appétit, dyspepsie, gastralgie), l'inflammation chronique du pharynx, le catarrhe de la langue. Enfin, il arrive parfois des troubles d'ordre intellectuel constituant une véritable psychose. »

Effets sur le cœur

Un petit instrument, le sphygmographe, qu'on applique au poignet sur l'artère radiale, permet d'enregistrer les pulsations, en traçant sur le papier des courbes dont le nombre et la forme correspondent aux contractions du cœur. Chez le fumeur habituel, le tracé est tout différent de ce qu'il est chez celui qui ne fume pas. Son cœur semble trembler comme la langue d'un

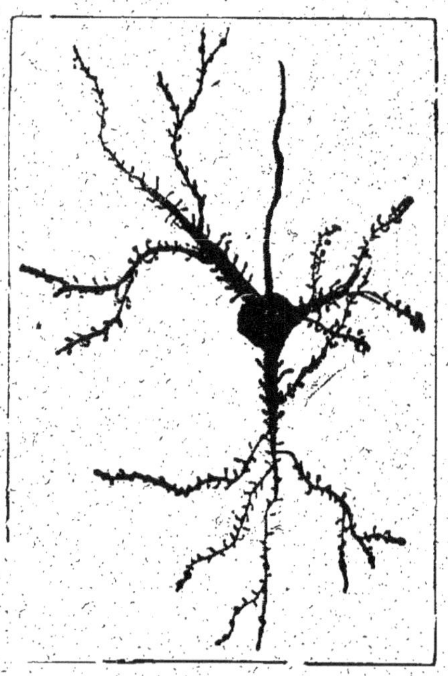

Cellule nerveuse d'un ancien fumeur ayant perdu une partie de ses dendrites. La perte de dendrites entraîne la perte de la mémoire.

homme qui bégaie. Il est si faible, qu'il ne lui permet
ni de courir, ni de faire aucun effort violent sans risquer
d'éprouver brusquement une défaillance ; car le tabac
paralyse le cœur.

Effets sur la mémoire

Tôt ou tard, le fumeur remarque qu'il perd la mémoire.
Nos cellules cérébrales conservent les images, les sons,
les impressions diverses de ce qui se passe autour de
nous. Ces cellules ressemblent à un arbre très ramifié,
dont les ramifications ou dendrites sont en rapport les
unes avec les autres et avec celles des cellules voisines.
Aussi longtemps que les dendrites communiquent entre
elles normalement, la pensée est facile et la mémoire fonc-
tionne bien. Si par contre les contacts sont peu nombreux,
le travail du cerveau est rendu difficile et la mémoire est
mauvaise. Le tabac fait contracter les cellules nerveuses
et détruit leurs dendrites.

Tous les organes en souffrent

Nombreux sont, on le voit, les effets du tabac sur l'organisme. Tous les organes et même tous les tissus souffrent à son contact. Fumer diminue les forces vitales et
rend plus sujet à la maladie. Fumer fait perdre l'appétit,
fait rejeter la salive si nécessaire à la digestion et cause
des maladies d'estomac. Fumer dessèche la muqueuse de
la bouche et produit une soif ardente qui conduit au
cabaret ; c'est la raison pour laquelle la plupart des fumeurs sont également des buveurs. Fumer stupéfie, en-
gourdit les fonctions, paralyse le système nerveux. Fumer
altère la voix, la rend criarde et fatigante. Fumer pro-
voque la bronchite, le catarrhe du poumon, la phtisie,
l'asthme, l'essoufflement, la gêne de la respiration. Fumer
appauvrit le sang, diminue la force musculaire, affaiblit
la mémoire et l'intelligence. Fumer produit l'ivresse narcotique, ivresse sombre, que les fumeurs appellent la
consolation de l'ennui et qui n'est que la dépression de

la faculté de sentir, qui s'endort engourdie dans les vapeurs du tabac, comme elle s'endormirait dans les vapeurs asphyxiantes du charbon ou de toute autre émanation délétère. Fumer abrège la vie du fumeur, et encore ses dernières années ne sont-elles souvent qu'une sorte d'agonie.

Le tabac et la natalité

La fumée et le suc du tabac étant des produits complexes, ils entraînent des symptômes complexes, des désordres fonctionnels qui s'étendent à l'économie tout entière, et qui par contre-coup influent sur le caractère du fumeur et même sur sa descendance. Après l'alcoolisme, il n'est peut-être pas de mauvaise habitude dont les conséquences se fassent plus sentir sur la postérité. Le tabac est en effet un poison organique, destructeur de la cellule nerveuse et génitale, et ainsi modificateur de l'embryon, comme l'alcool son frère. Son influence nocive fait tarir la source des descendants, ou leur lègue une tare de dégénérescence. L'affaiblissement, le rachitisme, l'épilepsie, l'hystérie, l'hypocondrie, la folie, les maladies du foie, tous ces maux frappent plus facilement les enfants des fumeurs invétérés, et témoignent de la faiblesse constitutionnelle transmise par les parents. C'est à la seconde et à la troisième génération des fumeurs que les signes de dégénérescence mentale et morale sont les plus marqués.

Le tabac et la tuberculose

Avec l'alcoolisme, son corollaire, le tabagisme sévit dans le peuple d'une façon croissante. Par les déchéances physiques qu'il entraîne, il ouvre la porte aux tuberculisations viscérales, osseuses, broncho-pulmonaires, cérébro-spinales et méningitiques. C'est un des plus puissants auxiliaires pour l'établissement, l'éclosion et l'évolution de la tuberculose, qui fait tant de ravages autour de nous.

Le tabac est d'autant plus nocif que sa teneur en nicotine est plus grande. Or les tabacs français sont les plus riches en nicotine ; ceux de l'Orient en contiennent moins, c'est pourquoi les Orientaux sont moins affligés de taba-

Le tabac entrave le développement physique et intellectuel

Ces deux écoliers sont de même âge et de parents ayant à peu près la même taille. Celui de gauche est un fumeur invétéré, inférieur à tous égards à son camarade de droite qui n'a jamais fumé.

gisme que les Européens en général, et les Français en particulier.

Il n'y a rien de bon dans le tabac

Il n'y a rien de bon dans le tabac ; qu'il soit prisé, chiqué ou fumé, brûlé dans une pipe ou sous forme de cigarettes et de cigares, c'est un danger permanent pour la santé publique.

L'usage du tabac ne répond à aucun besoin naturel ; c'est une habitude, un plaisir tout factice et dangereux. Si le fumeur se voyait doté d'une tache sur le visage chaque fois qu'il grille une cigarette, il discontinuerait bien vite de fumer ; mais parce qu'il ne voit pas à l'œil les désastres intérieurs, il a de la peine à y croire et il continue à suivre son penchant jusqu'à ce que l'habitude soit si enracinée qu'il se déclare incapable d'y renoncer. La chaîne qui le lie est plus forte même que celle de l'alcoolisme, et il donne à la jeunesse un exemple désastreux.

Les enfants fument

Il est particulièrement déplorable de voir l'habitude de fumer s'établir chez les jeunes gens qui viennent à peine de franchir le seuil de la vie. Ils vendent ainsi leur droit d'aînesse et abandonnent leurs intérêts temporels et éternels pour un plaisir bien illusoire. Zed Copp, du tribunal juvénile de Washington, disait : « Je considère la cigarette comme une fusée du feu infernal ; elle tend à faire exploser les pires passions individuelles. D'après les expériences que j'ai eues avec les 16.000 enfants vagabonds de Washington, au cours des huit dernières années, je puis affirmer que les enfants fumeurs sont des êtres rabougris et malingres, faibles de corps et d'esprit. » Les enfants fumeurs sont presque tous des élèves paresseux, incapables d'un effort intellectuel, sans la moindre énergie morale. Ils ne travaillent pas, ne jouent pas ; ils ne s'intéressent à rien, n'aiment rien ; ils sont toujours fatigués. Leur intelligence ne se développe pas et ne s'ouvre qu'avec peine aux plus simples notions. Leur mé-

moire est rebelle et infidèle. Ils vont généralement aug-
menter le nombre des vagabonds et des tarés, plus dangereux qu'utiles à la société.

Les femmes fument

Ce qui est plus triste encore, c'est de voir l'habitude
de fumer se répandre parmi les jeunes filles et les femmes. Longtemps la femme a établi une barrière aux vices
de l'homme vis-à-vis de l'enfant, atténuant ainsi les tares ;
mais cette barrière protectrice est en train de tomber.
Le nombre de femmes qui fument augmente rapidement.
Sur douze femmes observées récemment dans un wagon-
restaurant, en Angleterre, sept étaient en train de griller
des cigarettes.

Femmes et jeunes filles fument et vont même jusqu'à
chiquer. Comme les hommes, elles déclarent que le tabac
calme les douleurs, détend les nerfs, procure une certaine satisfaction, fait perdre le sentiment de ses propres
fautes et rend plus tolérables celles d'autrui.

Le tabac coûte cher

Le tabac trompe ; il séduit. Comme tous les autres nar-
cotiques, il promet la joie, le soulagement, le conten-
tement, et il augmente la misère. Sournoisement et silen-
cieusement il fait perdre aux hommes le sens moral, le
sens de leurs devoirs envers Dieu et envers leurs sem-
blables ; il affaiblit l'intelligence et la force morale, et
plonge dans les ténèbres ceux qui s'y adonnent, les ren-
dant inconscients de leur danger jusqu'à ce qu'il n'y ait
plus de remède.

On se plaint des difficultés de la vie : des impôts qui
vous écrasent, de la cherté des vivres, des logements ;
on prétend qu'il est presque impossible d'équilibrer son
budget. Et chaque année des millions s'en vont en fumée
en pure perte. Si ces millions étaient employés à des cho-
ses utiles, les travailleurs pourraient se vêtir, se nourrir,
se loger mieux, et pourraient même avoir souvent une
poire pour la soif. « Si un jour je suis obligé de mendier

mon pain, disait quelqu'un, j'irai tendre la main à la porte
d'un débit de tabac, et, quand un acheteur se présentera,
je lui dirai : « Mon bon Monsieur, donnez-moi, je vous
» supplie, la moitié de ce que vous aviez l'intention de
» dépenser pour acheter du tabac. Votre santé s'en trou-
» vera mieux, et je pourrai apaiser ma faim. »

Amis, ne touchez pas au tabac. Ne forgez pas autour
de vous une chaîne que vous auriez de la peine à briser,
et si vous en êtes liés, prenez résolument la détermina-
tion de la rompre à tout prix, en renonçant également
à tout autre stimulant ou excitant, vous souvenant que
l'usage des uns entretient le goût des autres. Les hommes
libres sont ceux qui savent s'affranchir de toute tyrannie ;
or celle du tabac est non seulement inutile, mais encore
coûteuse, dangereuse et démoralisante.

IMPRIMERIE " LES SIGNES DES TEMPS " Dammarie-les-Lys (S.-&-M.)

DÉPOTS

Paris, 1 rue Nicolas Roret, 13e.
Lyon, 3, rue Sainte-Marie-des-Terreaux
Bruxelles, 174 Bd. Anspach.

Strasbourg, 144 Grand'Rue
Lausanne, 4 Jumelles.
Alger, 2 rue Robert Estoublc